BEI GRIN MACHT SICH IHR WISSEN BEZAHLT

- Wir veröffentlichen Ihre Hausarbeit,
  Bachelor- und Masterarbeit

- Ihr eigenes eBook und Buch -
  weltweit in allen wichtigen Shops

- Verdienen Sie an jedem Verkauf

Jetzt bei www.GRIN.com hochladen
und kostenlos publizieren

Sebastian Brumann

Die globale Verfügbarkeit von nicht-energetischen Rohstoffen: Seltene Erden

GRIN Verlag

Bibliografische Information der Deutschen Nationalbibliothek:

Die Deutsche Bibliothek verzeichnet diese Publikation in der Deutschen National-
bibliografie; detaillierte bibliografische Daten sind im Internet über http://dnb.d-
nb.de/ abrufbar.

Impressum:

Copyright © 2011 GRIN Verlag GmbH
Druck und Bindung: Books on Demand GmbH, Norderstedt Germany
ISBN: 978-3-656-84881-3

Dieses Buch bei GRIN:

http://www.grin.com/de/e-book/284624/die-globale-verfuegbarkeit-von-nicht-
energetischen-rohstoffen-seltene

Universität Augsburg

Fakultät für Angewandte Informatik

Institut für Geographie

Globale Verfügbarkeit von nicht-energetischen Rohstoffen

Proseminar Humangeographie 1 (WS 2011/12)

Brumann, Sebastian

Lehramt Realschule, 3. Semester

Deutsch / Erdkunde

Abgabetermin: 05.12.2011

Inhaltsverzeichnis

Abbildungsverzeichnis

Tabellenverzeichnis

1 Einleitung

Beschäftigt man sich in der heutigen Zeit mit dem Thema Rohstoffe, so rücken meist Energierohstoffe wie Erdöl oder Erdgas und deren nicht-fossile Alternativen – beispielsweise agrarische Rohstoffe zur Gewinnung von Bioethanol – in den Mittelpunkt der Betrachtung. Als mindestens genauso wichtig sowohl für die Industrie als auch für den Einzelnen sind aber auch nicht-energetische Rohstoffe anzusehen. Denn für die Herstellung einer Autokarosserie oder auch Dosensuppe sind Rohstoffe per definitionem ebenso unabdingbar wie etwa für die Fertigung von Fensterscheiben, Bekleidungstextilien, Wohnmöbeln und nicht zuletzt Produkten des sich stetig weiterentwickelnden Hochtechnologie-Sektors. Gerade letzterer hebt sich durch einen großen Bedarf an sehr spezifischen Materialien hervor. Diese sind aber meist selten und nur regional begrenzt vorhanden, sodass in Zeiten der massenhaften Produktion von Smartphones, LCD-Fernsehern und Co. die Frage nach einer entsprechenden Verfügbarkeit der notwendigen Rohstoffe gestellt werden muss. So liegt derzeit ein Fokus auf den so genannten „Seltenen Erden", auf die im Folgenden besonders eingegangen wird. An diesem aktuellen Beispiel soll die globale Verfügbarkeit von nicht-energetischen Rohstoffen näher betrachtet werden.

2 Definition und Einteilung von Rohstoffen

Wenn von Rohstoffen die Rede ist, dann handelt es sich bei diesen nach Haas und Scharrer (2005, S. 403) um *„in der Natur vorgefundene, stoffliche Substanzen oder Agrarprodukte systematisch angebauter Nutzpflanzen, die bis auf ihre Trennung von ihrer natürlichen Verortung noch keine weitere Verarbeitung erfahren haben."* Sie bilden damit für die Industrie die Grundlage zur Herstellung von Gütern aller Art. (Bauer et al. 1982). Man kann also sagen, dass sämtliche industriellen Produkte aus Zusammensetzungen verschiedenster Rohstoffe bestehen.

Innerhalb der riesigen Fülle an Rohstoffen, die vom Menschen genutzt werden, lassen sich diese noch genauer diversifizieren. Eine weithin bekannte Untergruppe der Rohstoffe sind die Bodenschätze. Dabei handelt es sich um nicht erneuerbare Berg- oder Tagebauprodukte unterschiedlichster Form und Art. In der Literatur werden diese Rohstoffe oft unter dem Begriff mineralische Rohstoffe zusammengefasst. (Haas & Scharrer 2005, S. 403). Als eigenständige Gruppe lassen sich aber die fossilen Rohstoffe – zu ihnen gehören Erdöl, Erdgas und Kohle – betrachten. Im Hinblick auf die industrielle Nutzung der einzelnen Rohstoffe macht auch eine Unterteilung in metallische Rohstoffe, nicht-metallische Industrieminerale und Energierohstoffe Sinn. Mit Eisenerz, Bauxit oder Kupfererz sind einige wichtige Vertreter der metallischen Rohstoffe zu nennen. Auch die eingangs genannten Seltenen Erden sind metallische Erze. Auf diese soll später noch gesondert eingegangen werden. Auf Seiten der Industrieminerale hingegen haben zum Beispiel Sand und Kies, aber auch nicht-energetisch genutztes Erdöl eine besondere Bedeutung (vgl. Abbildung 1).

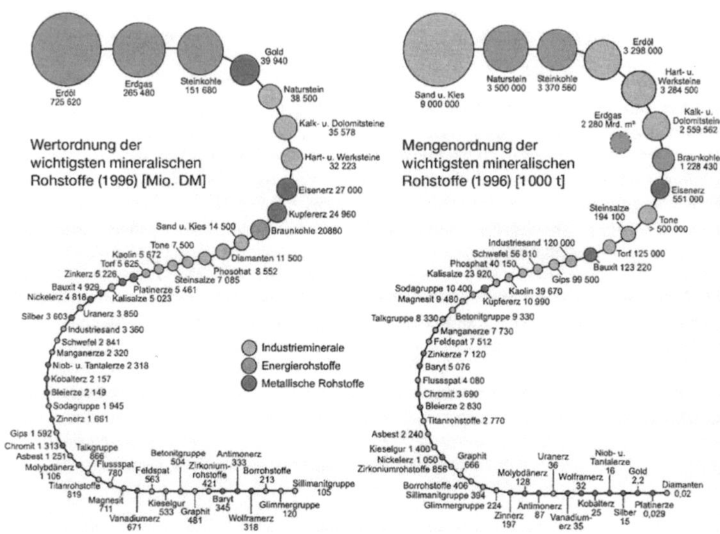

Abbildung 1: Die Rohstoffschlange

Quelle: Haas & Scharrer 2005, S.404.

Weniger trennscharf lassen sich die Energierohstoffe der Gruppe der mineralischen Rohstoffe zuordnen, denn trotz der weitaus größeren Bedeutung fossiler Energieträger werden mittlerweile vom Menschen auch pflanzliche Stoffe zur Energiegewinnung genutzt. (FNR 2011a, S. 6f).

Doch nicht nur der energetischen Nutzung kommen nachwachsende Rohstoffe zugute. Prinzipiell kann man zwischen Energie- und Industriepflanzen unterscheiden, wobei unter letzteren zum Beispiel Ölpflanzen oder Arznei- und Färbepflanzen verstanden werden. Heute wird ein beachtlicher Teil der landwirtschaftlichen Nutzfläche für den Anbau nachwachsender Rohstoffe verwendet. (vgl. Abbildung 2). Allgemein definiert die Fachagentur Nachwachsende Rohstoffe e.V. solche als *„land- und forstwirtschaftlich erzeugte Produkte, die nicht als Nahrungs- oder Futtermittel Verwendung finden."* (FNR 2011b).

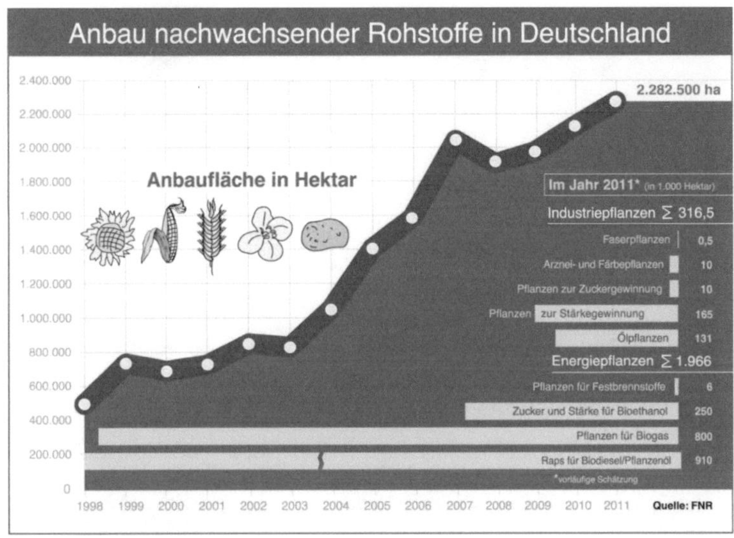

Abbildung 2: Anbaufläche für nachwachsende Rohstoffe in Deutschland 2011

Quelle: FNR 2011c.

Wie bereits erwähnt wurde, soll im Rahmen dieser Arbeit besonders auf die so genannten Seltenen Erden eingegangen werden. Dieser Begriff dient als zusammenfassende Bezeichnung für die Elemente Yttrium und Scandium sowie Lanthan und die auf das Lanthan im Periodensystem folgenden vierzehn Elemente. (BGR 2009, S. 1). Diese werden zusätzlich in schwere und leichte Seltene Erden unterteilt (vgl. Tabelle 1). Seltene Erden können nicht unabhängig voneinander, sondern stets nur zusammen abgebaut werden, da sie in gemischten Erzen konzentriert sind. Je nach Zusammensetzung der Lagerstätte ergeben sich somit unterschiedliche Mengen an gewinnbaren Seltenen Erdoxiden. (BGR 2009, S. 1). Wie deren Name bereits vermuten lässt, sind die weltweiten Vorkommen von Seltenen Erden eher rar. Ihre ungleichmäßige Verteilung rund um den Globus erschwert die Zugänglichkeit zu diesen für bestimmte Zwecke unerlässlichen Rohstoffen zusätzlich. Einer genauen Auseinandersetzung mit der tatsächlichen Verfügbarkeit Seltener Erden und anderer Rohstoffe soll nun aber zunächst eine kurze Übersicht über deren Bedeutung für Mensch und Industrie vorausgehen.

Tabelle 1: Kennzahlen und Einteilung der Seltenen Erden-Elemente

Name	Atom-symbol	Atom-nummer	Seltene Erdoxid (SEO)
Lanthan*	La	57	La_2O_3
Cer*	Ce	58	CeO_2
Praseodym*	Pr	59	Pr_6O_{11}
Neodym*	Nd	60	Nd_2O_3
Promethium***	Pm	61	Pm_2O_3
Samarium*	Sm	62	Sm_2O_3
Europium*	Eu	63	Eu_2O_3
Gadolinium**	Gd	64	Gd_2O_3
Terbium**	Tb	65	Tb_4O_7
Dysprosium**	Dy	66	Dy_2O_3
Holmium**	Ho	67	Ho_2O_3
Erbium**	Er	68	Er_2O_3
Thulium**	Tm	69	Tm_2O_3
Ytterbium**	Yb	70	Yb_2O_3
Lutetium**	Lu	71	Lu_2O_3
Scandium**	Sc	21	Sc_2O_3
Yttrium**	Y	39	Y_2O_3

* leichte Seltene Erden (Cer-Gruppe) ** schwere Seltene Erden (Yttrium-Gruppe)

*** radioaktiv, nur kurzlebige Isotope

Quelle: verändert nach BGR 2009, S. 2.

3 Nutzung und Bedeutung von nicht-energetischen Rohstoffen

Wo die Frage nach dem Nutzen von Energierohstoffen schnell beantwortet ist, verhält es sich bei den nicht-energetischen Rohstoffen damit sehr viel komplexer. Daher soll hier an einigen Beispielen ein Überblick über die unterschiedliche Nutzung und Bedeutung von nicht-Energierohstoffen gegeben werden.

Betrachtet man Abbildung 2, so fällt auf, dass auf Seiten der Industrierohstoffe vor allem Stärke- und Ölpflanzen einen großen Teil der Gesamtanbaufläche ausmachen. Dies ist damit zu begründen, dass pflanzliche Stärke ebenso wie Pflanzenöle industriell vielseitig einsetzbar ist. Stärke lässt sich zum Beispiel in Verbindung mit Zucker und Cellulose für die Herstellung von Biokunststoffen verwenden, welche nach und nach Kunststoffe aus fossilen Bestandteilen ersetzen sollen. Plastikbesteck und Lebensmittelverpackungen sind dabei ebenso denkbar wie Handygehäuse, Computertastaturen oder Büroartikel. (FNR 2011a, S. 10). Auch Bioschmierstoffe aus pflanzlichen Ölen sind längst keine Neuheit mehr. Sie finden als Hydraulik-, Motoren-, Getriebeöle und Schmierfette bereits breite Anwendung, zum Beispiel für Traktoren und Lastkraftfahrzeuge aller Art, aber auch zur Schmierung von Sägegattern und Motorsägen. (FNR 2011a, S. 12f). Es ist also anzunehmen, dass gerade diesen Anwendungsbereichen in Zukunft eine noch größere Bedeutung zukommt.

Mineralische Rohstoffe begleiten den Menschen jederzeit und überall. Sie sind Bestandteil so vieler Gegenstände und Einrichtungen des alltäglichen Lebens und damit so selbstverständlich geworden, dass man sich deren ständiger Präsenz oft nicht bewusst ist. Immobilien aller Art etwa bestehen aus Verbindungen verschiedenster Mineralrohstoffe, egal ob Dachplatten, Fußboden oder Wandfarbe. Tabelle 2 zeigt beispielsweise eine Übersicht über die Steine und Erden-Rohstoffe in Baustoffen eines typischen Einfamilienhauses.

Tabelle 2: Steine und Erden-Rohstoffe in Baustoffen eines typischen Einfamilienhauses

Einfamilienhaus [Mengenangaben in t] (voll unterkellert, 114m² Wohnfläche im Erdgeschoss, Dachgeschoss ausgebaut)	Kies/ Sand	Zement	Branntkalk	Gips	Ton
Beton-Fundamentplatte	72,0	11,0	—	—	—
Kalksandsteine im Keller-, Erd- und Dachgeschoss	88,0	—	0,8	—	—
Gasbetonsteine im Erd- und Dachgeschoss	16,0	2,0	—	—	—
Betondecken (Kellerdecke und Decke Erdgeschoss) inkl. Estrich	165,0	27,0	—	—	—
Gipsputz im Erd- und Dachgeschoss	—	—	—	3,3	—
Mantelstein (Beton) für Schornstein	7,5	1,2	—	—	—
Dachpfannen (Feinbeton)	5,9	1,0	—	—	—
Vormauersteine (Klinker)	—	—	—	—	26,0

Quelle: verändert nach BGR et al. 2005, S.5.

Mineralrohstoffe sind aber nicht nur in Form von Steinen und Sanden relevant. Neben den Baustoffen findet sich ein weiteres, äußerst wichtiges Anwendungsgebiet im Bereich der Technologie und Hochtechnologie. So sind in Mobiltelefonen Zinn, Blei und Silber beispielsweise in Form von Lötmassen verbaut. Jedes Telefonat, das über eine moderne Glasfaserleitung geführt wird, kommt nur durch den Einsatz von hochreinem und weiterverarbeitetem Quarz überhaupt erst zustande. Ein handelsüblicher Computer beinhaltet etwa Tantal für Transistoren oder Kupfer und Gold als Leitmaterialien. Mehr als 30 Metall- und Nichtmetall-Rohstoffe werden insgesamt benötigt um einen Computer herzustellen. (BGR et al. 2005, S.4). In einem modernen Computerbildschirm hingegen oder etwa in LCD- oder LED- Fernsehern sind Europium und Terbium enthalten, wo sie als Leuchtstoffe dienen. (BGR 2011, S.2). Letztere zählen bereits zum Bereich der Seltenen Erden, die auch zum Beispiel in Form von Yttrium in künstlichen Gelenken oder mit Cer und Lanthan in Katalysatoren und Rußpartikelfiltern enthalten sind. (BGR 2009, S.2). Die sehr speziellen Hauptanwendungsbereiche von Seltenen Erden finden sich jedoch im Hochtechnologiebereich. Dort wird etwa Yttrium als Hochtemperatur-Supraleiter eingesetzt oder zur Herstellung hitzeresistenter Kacheln für die Raumfahrt verwendet. Samarium und Dysprosium sind wichtige Bestandteile von Spezialmagneten und Gadolinium befindet sich in Legierungen für FCKW-freie Kühlsysteme auf dem Weg zur Serienreife. (BGR 2011, S.2). Die eben genannten Beispiele zeigen, dass Seltene Erden neben der modernen Technik des Alltags vor allem für Zukunftstechnologien eine große Rolle spielen. Dieser Umstand lässt vermuten, dass solche Seltenen Erden im Laufe der kommenden Jahre an Bedeutung noch gewinnen werden, vielleicht gerade auch deshalb, weil deren Verwendung in einigen Bereichen problematisch ist. So sind etwa Terbium und Europium Bestandteil von Energiesparlampen, während Neodym in Windkraftanlagen eingesetzt wird. (BGR 2011, S. 2 & BGR 2009, S. 1). Da es sich hierbei um Technologien handelt, die zukünftig flächendeckend zur Anwendung kommen sollen, stellt sich die Frage nach einer ausreichenden Verfügbarkeit oder aber Möglichkeiten zur Sublimation der eingesetzten Seltenen Erden. Im folgenden Abschnitt soll nun an einigen Beispielen die globale Verfügbarkeit von nicht-energetischen Rohstoffen untersucht werden.

4 Globale Verfügbarkeit von nicht-energetischen Rohstoffen

Bevor auf die tatsächliche Verfügbarkeit einzelner Rohstoffe näher eingegangen wird, folgen zunächst einige grundlegende Gedanken, die zu einer präziseren Beschreibung und Interpretation der dargelegten Zahlen und Fakten beitragen sollen.

4.1 Allgemeine Überlegungen

Beschäftigt man sich mit der Verfügbarkeit von Rohstoffen, dann muss dabei mit zweierlei Maß gemessen werden, denn für die schlussendliche Aussage über die

Verfügbarkeit eines Rohstoffs macht es einen zum Teil signifikanten Unterschied, ob von dessen weltweiten Reserven oder aber Ressourcen ausgegangen wird. (RWI Essen et al. 2007, S. 17f).

Ist von Ressourcen die Rede, dann handelt es sich dabei um diejenigen Mengen eines Rohstoffs, die insgesamt nachgewiesen sind, unabhängig davon, ob deren Förderung gegenwärtig aus wirtschaftlicher oder technologischer Sicht überhaupt möglich oder sinnvoll ist. Eine Teilmenge der Ressourcen bilden hingegen die Reserven. Sie bezeichnen jene Menge eines Rohstoffs, die zum gegenwärtigen Zeitpunkt wirtschaftlich und technologisch bereits gewinnbar ist. (RWI Essen et al. 2007, S. 12). Aus diesem Umstand lässt sich bereits folgern, dass die Höhe der Rohstoffreserven stark von den jeweiligen Rohstoffpreisen, aber auch vom technologischen Fortschritt abhängig ist. Steigen nämlich die Preise für einen Rohstoff, dann wird auch der Abbau von zuvor nicht wirtschaftlich gewinnbaren Vorkommen rentabel und die Reserven werden somit größer. (RWI Essen et al. 2007, S. 14). Ebenso verhält es sich mit dem technologischen Fortschritt, denn durch ihn kann zum Beispiel bei der Offshoreförderung in immer größere Wassertiefen vorgedrungen werden. (RWI Essen et al. 2007, S. 16).

Geht man bei der Frage nach der Verfügbarkeit eines Rohstoffs nun also von den jeweiligen Reserven aus, dann handelt es sich dabei stets um eine Momentaufnahme. Betrachtet wird in diesem Fall lediglich, wie lange auf Basis der aktuellen Fördermenge die Reserven des Rohstoffs bei aktuell vorherrschenden Preisen und technologischen Möglichkeiten ausreichen. Dieses Verhältnis wird daher auch Statische Reichweite oder Reservenreichweite genannt. (RWI Essen et al. 2007, S. 12). Da aber, wie bereits erwähnt, die Reserven eine von verschiedenen Faktoren abhängige und damit veränderbare Größe darstellen, eignet sich zum Beispiel als Indikator für eine künftige Verknappung eine Betrachtung der Ressourcen besser. Die Ressourcenreichweite gibt das Verhältnis der Gesamtmenge nachgewiesener Vorkommen eines Rohstoffs zur aktuellen Fördermenge an und spiegelt somit dessen absolute Reichweite wider. (RWI Essen et al. 2007, S. 12). Dabei ist zu berücksichtigen, dass durch technologischen Fortschritt unter Umständen auch Vorkommen nachgewiesen werden können, die zuvor nicht bekannt waren, was die Menge der Ressourcen wiederum erhöhen würde.

4.2 Zahlen und Fakten

Am Beispiel einiger Metalle und insbesondere der Seltenen Erden sollen nachfolgend einige Zahlen und Fakten zur Verfügbarkeit nicht-energetischer Rohstoffe festgehalten werden. In Tabelle 3 sind einige ausgewählte Metalle mit den zugehörigen Zahlen für Förderung, Reserven, Ressourcen und Reichweiten aufgelistet. Dabei fällt zunächst auf, dass die Unterschiede zwischen Reserven und Ressourcen sowie deren Reichweiten zum Teil enorm sind. So lässt sich beispielsweise feststellen, dass für das Thallium zwar im Vergleich mit der Größe seiner Ressourcen nur sehr geringe Reserven vorhanden sind. Dieser Umstand lässt sich aber angesichts der relativ niedrigen Fördermenge erklären, denn quantitativ gesehen spielt das Thallium hier gegenüber anderen Metallen wie Kupfer oder Molybdän eine untergeordnete Rolle. Daraus folgt wiederum eine geringere Dringlichkeit für Explorationsbestrebungen, um die großen Mengen an Ressourcen gewinnbar zu machen. (RWI Essen et al. 2007, S. 12). Thallium ist also theoretisch für die nächsten 64.700 Jahre verfügbar, wenngleich die in Relation zur vorhandenen Ressourcenmenge eher geringe Nachfrage bedingt, dass bisher nur ein geringer Teil davon wirtschaftlich nutzbar ist.

Tabelle 3: Förderung, Reserven, Ressourcen und Reichweiten ausgewählter Metalle 2004

Metall	Förderung in 1 000 t	Reserven in 1 000 t	Ressourcen in 1 000 t	Reserven-reichweite in Jahren	Ressourcen-reichweite in Jahren
Chrom	17 460,00	810 000,00	12 000 000,00	46	687
Kupfer	14 600,00	470 000,00	>2 300 000,00	32	>158
Molybdän	141,00	8 600,00	18 400,00	61	130
Seltene Erden	102,0	88 000,00	>150 000,00	863	1 471
Gold	2,43	42,00	90,00	17	>37
Tantal	1,50	43,00	>150,00	28	>99
Thallium	0,01	0,38	647,00	32	64 700

Quelle: verändert nach RWI et al. 2007, S. 21ff, nach USGS (2006), USGS (2005, BGR (2005).

Ganz anders verhält es sich damit etwa bei Chrom. Sowohl die weltweiten Reserven als auch die Ressourcen von Chrom sind um ein Vielfaches höher als jene von Thallium. Allerdings besitzt Chrom als „*Stahlveredler*" (RWI Essen et al. 2007, S. 18) eine enorme Wichtigkeit für die Industrie, woraus eine große Nachfrage und entsprechend hohe Fördermengen resultieren. Aus diesem Grund ist ein großer Teil der enormen weltweiten Vorkommen gegenwärtig bereits wirtschaftlich nutzbar.

Eine weitere Auffälligkeit stellen die im Jahr 2004 sehr hohen Reichweiten, also sehr positiven Verhältnisse von globalen Vorkommen und Fördermenge der Seltenen Erden dar. Die Bundesanstalt für Geowissenschaften und Rohstoffe spricht 2011 aber von einer *„kritische Versorgungslage mit schweren Seltenen Erden"*. (BGR 2011, S. 1). Um diesen Umstand zu verstehen, müssen einige weitere Faktoren mit einbezogen werden. Zunächst ist es von Bedeutung, sich auf die Unterteilung der Seltenen Erden in schwere und leichte Seltene Erden zu besinnen (vgl. Tabelle 1). Während in Tabelle 3 die Vorkommen von Seltenen Erden als Gesamtheit zusammengefasst sind, müssen diese in der Realität differenzierter betrachtet werden, denn in den meisten Lagerstätten von Seltenen Erden beträgt der Anteil der leichten Seltenen Erden deutlich mehr als 90%. (BGR 2011, S. 1). Das heißt, dass bei der Förderung von den stets gemischten Erzen der Seltenen Erden die Ausbeute an leichten Seltenen Erden übermäßig hoch ist, während der Gewinn an schweren Seltenen Erden minimal ist. Da aber sowohl schwere als auch leichte Seltene Erden stark nachgefragt werden, entsteht ein Ungleichgewicht, welches sich unter anderem deutlich im Preis abzeichnet. (BGR 2009, S. 3). Um an die selteneren schweren Seltenen Erden zu kommen, müssen unweigerlich die leichten Seltenen Erden in gleichem Ausmaß mitgefördert werden. Dieser Umstand erklärt zum einen die relativ hohe Gesamtfördermenge und zusätzlich, warum die gewinnbaren Reserven der Seltenen Erden mit deutlich über 50% bereits 2004 einen sehr großen Anteil der Ressourcen ausmachten (vgl. Tabelle 3).

Damit ist aber die vorherrschende kritische Versorgungslage mit schweren Seltenen Erden noch nicht ganzheitlich begründet. Sicherlich ist alleine die Tatsache, dass diese in den Lagerstätten nur in sehr geringer Konzentration vorliegen, ein Hauptgrund für die mangelnde Verfügbarkeit. Allerdings muss zum besseren Verständnis auch die regionale Verteilung der Lagerstätten herangezogen werden. Die Gesamtmenge der sicheren plus wahrscheinlichen weltweiten Vorkommen beziffert die BGR auf 87,4 Millionen Tonnen, wovon 31% auf China, 22% auf die GUS, 15% auf die USA und 6% auf Australien sowie 1% auf Indien entfallen. (BGR 2009, S. 6). Dabei wurde während der letzten Jahre die Förderung von Seltenen Erden in China wesentlich forcierter betrieben, als in anderen Ländern mit Lagerstätten. So stammen von den 2007 geförderten 123.700 Tonnen Seltener Erdoxide über 95% aus China. (BGR 2009, S. 3). Alle derzeit produzierten schweren Seltenen Erden kommen sogar ausschließlich aus China. (BGR 2011, S. 3). Zwar fanden auch am Mountain Pass in den USA und auf der Kola-Halbinsel in Russland Fördertätigkeiten statt, allerdings war die Ausbeute hier im Vergleich zu den chinesischen Produktionsmengen verschwindend gering. (BGR 2011, S. 3).

Da China selbst der größte Nachfrager nach Seltenen Erden ist, entfällt nur ein geringer Teil für den Export in alle anderen Industrieländer. Diese extremen *„permanenten Verfügbarkeitsunterschiede"* (Kulke 2009, S. 226) sorgen für eine entsprechende Knappheit an schweren Seltenen Erden in den Industrieländern. Zusätzlich besteht eine extreme rohstoffpolitische und -wirtschaftliche Abhängigkeit von China, denn durch Exportzölle und Ausfuhrbeschränkungen können zusätzliche Lieferengpässe entstehen. (BGR 2009, S. 3). China hat bereits jetzt Exportquoten für Seltene Erdoxide erlassen und möchte überdies die Produktion von schweren Seltenen Erden noch im Jahr 2011 auf 13.400 Tonnen limitieren. (BGR 2009, S. 3 & BGR 2011, S. 3).

Gleichzeitig ist zu vermuten, dass der weltweite Bedarf an Seltenen Erden weiter steigen wird (vgl. Abbildung 3). Mit dem technologischen Fortschritt und den Bestrebungen zum flächendeckenden Ausbau vor allem so genannter *„Grüner Technologien"*, (BGR 2011, S. 1) – dies betrifft hauptsächlich Leuchtmittel, Magnete und Metallurgie – zu deren Herstellung Seltene Erden benötigt werden, ist also eine Entspannung der Lage vorerst nicht absehbar.

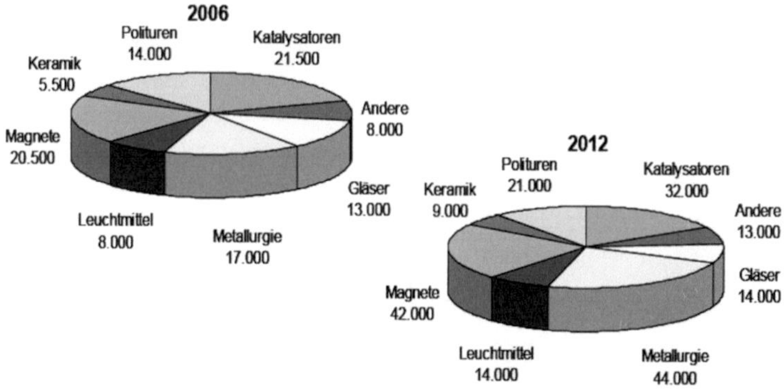

Abbildung 3: Verwendung von Seltenen Erden (in t Seltener Erdoxide) nach Einsatzbereichen in den Jahren 2006 und 2012

Quelle: verändert nach BGR 2009, S. 1, nach Kingsnorth 2007.

Mit der zu erwartenden Nachfrageerhöhung von 107.500 Tonnen im Jahr 2006 auf 189.000 Tonnen für das Jahr 2012 sind bereits einige alternative Projekte zur Gewinnung von Seltenen Erden initiiert worden. Eine Zählung durch US-amerikanische Experten Mitte des Jahres 2011 ergab 381 in unterschiedlichen Entwicklungsstadien befindliche Projekte, die durch insgesamt 244 Firmen in 35 Ländern betrieben werden. (BGR 2011, S. 6). Schätzungen zufolge werden hiervon aber nur etwa 5% jemals in Produktion gehen, da Investoren oder das nötige Knowhow zur Aufbereitung der Seltenerd-Minerale fehlen, oder aber schlicht der Markt für leichte Seltene Erden irgendwann übersättigt sein wird. (BGR 20011, S. 6). Weiterhin verfügen von diesen 381 Projekten nur 17 über einen erhöhten Anteil an schweren Seltenen Erden (vgl. Abbildung 4). (BGR 2011, S. 6). Von ihnen sollen bis 2015 Dubbo und Pitinga, bis 2020 bei vorhandenen Investoren zusätzlich Thor Lake, Strange Lake, Norra Kärr und Kringlerne in Produktion gehen. (BGR 2011, S. 6f). Selbst bei Berücksichtigung von deren Verortung außerhalb Chinas und der davon erhofften Verbesserung der politischen und wirtschaftlichen

Unabhängigkeit von China ist dennoch fraglich, ob diese Projekte tatsächlich eine Entspannung der Versorgungslage bewirken können.

Abbildung 4: Abbaustellen, Lagerstätten und Vorkommen mit einem erhöhten Anteil (>15%) von schweren Seltenen Erden

Quelle: BGR 2011, S. 6.

5 Schlussbemerkung

Gerade das Beispiel der Seltenen Erden zeigt, dass die Verfügbarkeit bestimmter Rohstoffe oft von komplexen Faktorengeflechten abhängig ist. Ist es um die Verfügbarkeit eines Rohstoffs auf Grund verschiedener Ursachen schlecht bestellt, dann kann wie im Fall der schweren Seltenen Erden versucht werden, durch Explorationsvorhaben weitere Quellen des Rohstoffs zu erschließen. Da aber Rohstoffvorkommen trotz mittlerweile hoher Recyclingquoten meist endlich sind, liegt ein weiterer Ausweg in der Substitution bestimmter Rohstoffe. Auch hier entsteht aber für Seltene Erden eine große Problematik, denn für die Herstellung von Leuchtstoffen etwa gibt es für sie derzeit keinen Ersatz und auch die Substitution von seltenerdhaltigen Dauermagneten in Windkraftanlagen ist nur sehr eingeschränkt möglich. (BGR 2011, S. 8). So bleibt abschließend nur zu sagen, dass die zukünftige Entwicklung in der Verfügbarkeit und Notwendigkeit bestimmter Rohstoffe ungewiss ist und nicht zuletzt auch einem stetigen Wandel der Technologie und Nutzung durch den Menschen unterliegt.

Literaturverzeichnis

Bauer L., Berger K., Jahn W., Kistler H., Wellenhofer W. (1982): Grundbegriffe für den Geographieunterricht. München.

BGR [Hrsg.], NLfB, GGA (2005): geo.standpunkt. Rohstoffe. Hannover.

BGR [Hrsg.] (2009): Commodity Top News 31. Seltene Erden. http://www.bgr.bund.de/DE/Gemeinsames/Produkte/Downloads/Commodity_Top_News/Rohstoffwirtschaft/31_erden.pdf?__blob=publicationFile&v=2 (28.11.2011).

BGR [Hrsg.] (2011): Commodity Top News 36. Kritische Versorgungslage mit schweren Seltenen Erden – Entwicklung „Grüner Technologien" gefährdet? http://www.bgr.bund.de/DE/Gemeinsames/Produkte/Downloads/Commodity_Top_News/Rohstoffwirtschaft/36_kritische-versorgungslage.pdf?__blob=publicationFile&v=4 (28.11.2011).

FNR [Hrsg.] (2011a): Nachwachsende Rohstoffe – Spitzentechnologie ohne Ende. Berlin.

FNR [Hrsg.] (2011b): Basisinfo nachwachsende Rohstoffe. http://www.nachwachsenderohstoffe.de/basisinfo-nachwachsende-rohstoffe/ueberblick/ (29.11.2011).

FNR [Hrsg.] (2011c): Anbau nachwachsender Rohstoffe in Deutschland. http://www.nachwachsenderohstoffe.de/fileadmin/fnr/images/aktuelles/grafiken/FNR510_Grafik_Anbau_2011_300_rgb.jpg (29.11.2011).

Haas H.-D., Scharrer J. (2005): Bergbau – Umwelt als Ressource. In: Schenk W., Schliephake K. [Hrsg.]: Allgemeine Anthropogeographie. Gotha, S. 403-427

Kulke E. (2009): Wirtschaftsgeographie. 4. Aufl., Paderborn.

RWI Essen, ISI, BGR (2007): Trends der Angebots- und Nachfragesituation bei mineralischen Rohstoffen. http://publica.fraunhofer.de/eprints/urn:nbn:de:0011-n-686144.pdf